垃圾分类，你准备好了吗

张先锋　王 欣　姜允珍◎主编

長江出版傳媒
湖北科学技术出版社

图书在版编目（CIP）数据

垃圾分类，你准备好了吗 / 张先锋，王欣，姜允珍主编 . 一 武汉：湖北科学技术出版社，2020.7

ISBN 978-7-5706-0886-7

Ⅰ . ①垃… Ⅱ . ①张… ②姜… Ⅲ . ①垃圾处理－普及读物 Ⅳ . ① X705-49

中国版本图书馆 CIP 数据核字 (2020) 第055481号

垃圾分类，你准备好了吗
LAJIFENLEI, NIZHUNBEIHAOLEMA

出 品 人：王力军
总 策 划：王力军　章雪峰
责任编辑：刘　辉　张娇燕　万冰怡
整体设计：胡　博
插图绘制：张　磊

出版发行：湖北科学技术出版社
地　　址：武汉市雄楚大街268号（湖北出版文化城 B 座13～14层）
邮　　编：430070
电　　话：027-87679468
网　　址：http//www.hbstp.com.cn
印　　刷：武汉市卓源印务有限公司
邮　　编：430040
开　　本：700×1000　1/16
字　　数：100千字
印　　张：4.75　　　插页：1
版　　次：2020年7月第1版
印　　次：2020年7月第1次印刷
定　　价：26.00 元

本书编委会

主　编

张先锋

王　欣　姜允珍

编　委

沈智丰　黄　茂　刘沛生　王谦亨

陈　果　喻　妙　王环珊　王　熙

前　　言

中部地区的湖北省，既是工农业生产的大省，也是产生垃圾的“大户”。为配合湖北省垃圾分类的实施，湖北科学技术出版社联络我们“武汉科学松鼠会”的一帮志愿者，组织编写了一本既包含垃圾分类基础知识，又具有一定中部区域特色，还简明扼要、通俗易懂地指导垃圾分类的图书。根据《武汉市生活垃圾分类管理办法》，武汉市于 2020 年 7 月 1 日起施行垃圾分类。与此同时，本书也要付梓发行，与读者见面。

此时，我们对今年年初经历的那场史无前例的新冠疫情仍记忆犹新，在抗击疫情期间养成的一些个人卫生习惯已在日常生活中固定下来。一是要做好消杀，包括电梯、楼梯、过道等公共环境的定期消杀，家庭门口、厨房、餐厅、卫生间等处的定期消杀；二是严格做好个人防护，出门必须戴口罩、携带消毒用品，必要时戴手套和防护镜。外出必须保持“社交”距离。回家后首先消毒鞋底，换鞋，摘掉口罩，把口罩污染面朝里包扎，放入专门垃圾袋，洗手不少于 20 秒，脱掉外衣，消毒手机钥匙；三是收到快递、团购物品等，首先消毒外包装，尽量在进屋之前将外包装放入垃圾桶，内包装还要再次消毒，然后才可以打开使用；四是社区严加防范，无论是进出社区扫码、测体温“进出必扫进出必测”，还是核酸、抗体检测“应检尽检一个不漏”，我们都习以为常。这些看似繁琐的过程，当时为防疫不得不这么坚持，而形成习惯以后，这些动作现在做起来一气呵成，自然连贯，已感觉不到不便或繁琐。有时漏掉了某个环节，还感到像少了点什么，反而觉得不自在了。

静下心来想一想，这个过程，跟本书介绍的垃圾分类操作，跟垃圾分类的习惯养成，不是一样的吗？我们之前没遇到过像新冠一样“诡异”的病毒，对如此严格的防范措施开始是不习惯、抵触，后来逐渐接受并适应。而严格的垃圾分类措施，也是之前没有经历过的，一开始也会不习惯、抵触，甚至是反感。如果说防疫养成的个人卫生习惯是为了我们身体的健康，那么，垃圾分类习惯的养成是为了地球和子孙后代的健康，两者份量同等重要，后者的影响更为久远。相对于防范新冠病毒，垃圾分类的操作过程实际上更简单易行，更便于理解，也会习惯成自然。相信经过疫情的洗礼，我们一定能够像抗击疫情那样，养成良好的垃圾分类习惯，做好垃圾分类工作。

无论您是企业员工还是公务员，无论您是小区居民还是社区物业管理人员，无论您是学生还是家长，您都能在本书中找到帮助您养成垃圾分类习惯的灵感、方法。让我们一起努力培养垃圾分类的好习惯，并坚持下去。

中国科学院水生生物研究所水生生物博物馆馆长
中国科学院武汉科学家科普团团长
第四届“湖北省环境保护政府奖”获得者

目　录

第一章　为什么要进行垃圾分类　001

第二章　垃圾处理与其他国家生活垃圾分类经验　005

第三章　如何进行垃圾分类　009

第四章　我们的行动　027

第五章　垃圾分类小知识　039

附录　066

第 一 章

为什么要进行垃圾分类

为什么要进行垃圾分类？这是这本书要回答的第一个问题。答案很简单，但形势也很严峻——当前的中国，生活垃圾对土壤、湖泊、海洋的生态环境安全造成威胁，会破坏我们的生存环境，已经到了非解决垃圾处理问题不可的紧要关头。

许多年来，我国政府的相关部门一直致力于垃圾的减量化、无害化和资源化工作，努力让我们的城市乡村、山川河流变得更加洁净——绿水青山就是金山银山。然而因为垃圾分类问题始终没有解决好，“垃圾围城”的源头没有得到处理，垃圾造成的环境问题还是愈演愈烈。

城乡居民在日常生活中或者为日常生活提供服务的活动中产生的固体废物以及法律、行政法规规定视为生活垃圾的固体废物即为生活垃圾。

生活垃圾分类指按生活垃圾的组成、利用价值以及环境影响程度等因素，并根据不同处理方式的要求，实施分类投放、分类收运和分类处理的行为。

中国目前有三分之二的城市面临“垃圾围城”的窘境，且有四分之一的城市已经找不到合适的地方堆放垃圾。

目前我国大多数城市的垃圾没有正式进行分类处理，各种垃圾混在一起，有用的东西无法直接进行回收和利用，不仅造成资源的浪费，而且其中的有害垃圾对环境的危害也十分严重。

2019年6月，习近平总书记强调，实行垃圾分类关系广大人民群众生活环境，关系节约使用资源，也是社会文明水平的一个重要体现。关键是要加强科学管理、形成长效机制、推动习惯养成；要加强引导、因地制宜、持续推进，把工作做细做实，持之以恒地抓下去；要开展广泛的教育引导工作，让更多人行动起来，培养垃圾分类的好习惯，全社会参与、人人动手，一起来为改善生活环境做努力，一起来为绿色发展、可持续发展做贡献。习近平总书记的重要指示，为我们推进生态文明建设、做好垃圾分类工作提供了根本遵循。

第二章

垃圾处理与其他国家生活垃圾分类经验

（一）概述

随着人们生活水平提高，生活方式的改变，垃圾组分随之发生变化。在工业化前，垃圾中没有塑料，大多数垃圾都可以降解。随着工业化程度提高，垃圾成分中就有了不易降解的塑料类高分子材料，并且所占比例越来越高。在科学技术高速发展的今天，电子废物大量出现，又产生了许多有毒有害的垃圾。

由此可见，垃圾作为人们生活不可分离的副产物，与社会进步同步发生着数量和成分的变化，也就促成了垃圾处理这个产业的发生与发展。

20 世纪 90 年代以前，美国、英国、德国、荷兰、西班牙和法国等一些国家的城市生活垃圾的处理方式主要为填埋法。此后，随着经济的迅速发展，越来越多的国家采用焚烧法处理生活垃圾。如今，日本、丹麦、法国和新加坡等国采用焚烧法处理生活垃圾的比例接近或已经超过了填埋法，填埋方式也受到许多限制。

纵观世界发达国家或垃圾分类先行国家的动机与基本做法，我们发现：垃圾分类与所处年代采用的垃圾处理技术相关，如以卫生填埋技术处理为主的年代，垃圾分类主要是体现无害化和减量化；采用垃圾堆肥技术的垃圾处理体现垃圾资源化，但仅限于易腐垃圾发酵加工为有机肥。目前，垃圾处理已经发展到以垃圾焚烧为主，充分利用垃圾中的可燃物，通过焚烧产生的热量供电、供热，垃圾焚毁率大于90%，焚烧残渣基本实现无害化，较好地实现了垃圾资源化、无害化处理。

（二）日本生活垃圾分类处理具体做法

日本从 1980 年就开始实行垃圾分类回收，如今已经成为世界上垃圾分类回收做得最好的国家之一。

日本把垃圾处理中心称作“再生资源公司”。也就是说，日本的垃圾处理不是以“消灭垃圾”作为处理垃圾的准则，而是以“资源回收”作为垃圾处理的基本原则。这种处理原则为日本创造资源循环利用社会提供了很好的基础。譬如日本的免费公厕都提供免费卫生纸，在这些卫生纸上，有时你会发现打印着一行小字：这些卫生纸都是利用回收的车票做成的。

日本居民住宅区有许多独户住宅，居民每天早晨把当天清运的分类垃圾放到自己的家门口或垃圾清运车行驶路线的路边指定位置，以便垃圾清运车沿途将垃圾收走。居民一般需要在垃圾清运车抵达的当天早晨 8 点钟前，把当天可扔类别的垃圾投放到指定地点，不能错过时间，否则就要等下周。而公寓楼都设有垃圾暂存堆放间，可以随时把垃圾送到暂存堆放间，按照分类要求放在指定的位置，然后管理人员再来帮你仔细整理。

日本制定了一部指导国民如何扔垃圾的《废弃物处理法》。根据这一部法律，国民如果违反规定乱扔垃圾，严重的会被警察拘捕，并处以 3 万 ~ 5 万日元的罚款。尤其是一些人不肯缴纳特殊垃圾的处理费，把建筑垃圾或废弃电器电子产品，甚至报废汽车拉到偏僻的山林地带扔弃，是政府重点的打击对象，最重的可以判 5 年以下有期徒刑，或 1000 万日元罚款。

如此复杂的垃圾分类流程，能够让日本 1.3 亿人深刻牢记，自觉遵守，并成为衡量国民道德的标准之一，这一切依赖的不是先进的监控技术，而是全体国民对环境的敬畏和高度的社会责任感。

（三）其他国家生活垃圾分类处理现状

瑞典、德国、英国等国家多年前已开始施行垃圾分类回收制度，积累了丰富的经验，同样值得我们学习和借鉴。

第三章

如何进行垃圾分类

垃圾是放错位置的资源，要让这些资源物尽其用，必须按照有效的方式进行分类回收。如果不分类型往垃圾桶里面一扔，厨余垃圾弄脏了可回收物，有害垃圾散落得到处都是，再分类、回收和处理就很困难了。对于中国这样的人口大国，若不从源头开始做好垃圾分类，垃圾很快会泛滥成灾。每一个公民动动手，就可以把垃圾送往各自该去的地方，这既是对生态环境的爱惜，也是为自己和家人的健康造福。

不同类型的垃圾有各自的成分、属性、利用价值和对环境的影响，应通过不同的方式进行处理。

按照一般要求，生活垃圾分为可回收物、有害垃圾、厨余垃圾和其他垃圾四类。

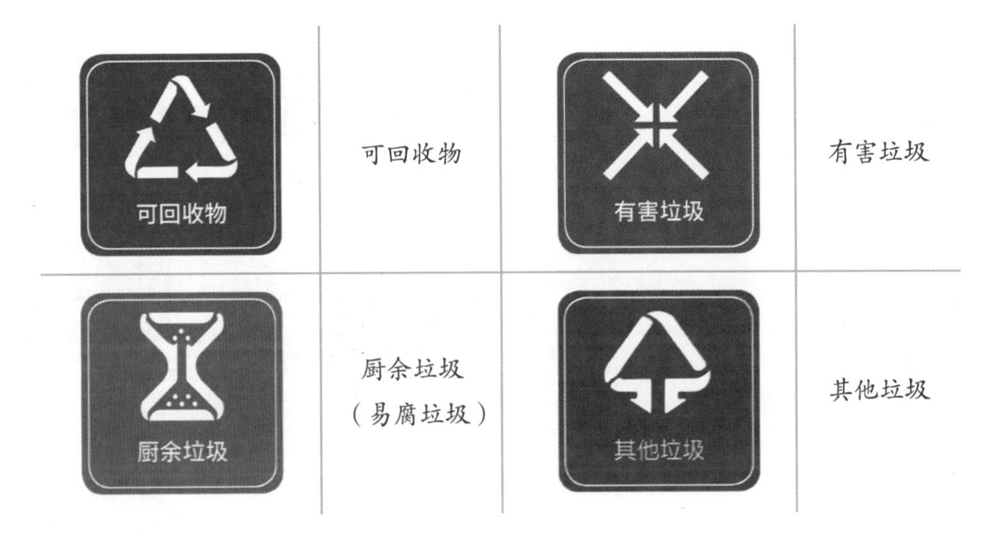

标志	名称	标志	名称
可回收物	可回收物	有害垃圾	有害垃圾
厨余垃圾	厨余垃圾（易腐垃圾）	其他垃圾	其他垃圾

一、可回收物——循环利用

可回收物指生活垃圾中未经污染且适宜回收循环使用和资源利用的物质。主要包括废纸、废塑料、废金属、废包装物、废旧纺织物、废弃电器电子产品、废玻璃、废纸塑铝复合包装等。

（一）废纸类

废纸包括废旧的报纸、杂志、图书、各种包装纸、办公用纸、纸盒等。废纸必须是干净的，如果油腻腻的、落满了灰尘、沾满水渍就不好回收，纸巾和卫生用纸由于水溶性太强也不可回收。为了促进废纸回收，我们可以经常在家做收纳和清理，不用的纸张及时送进可回收垃圾箱。

回收的废纸在造纸厂里面可作为制浆原料，经过漂白、除渣、压榨、干燥、压光等工艺，又变成了一张好纸。每吨废纸可以制造出 850 千克好纸，节省木材 300 千克，等于少砍 17 棵成材的大树。相对于废纸的循环利用，我们更可以从源头上减少浪费：单页打印纸进行二次使用、商品的包装不过度奢华，这样既环保也减轻消费者的负担。

（二）废塑料类

废塑料包括各种塑料袋、塑料包装物、一次性塑料餐盒和餐具、牙刷、杯子、矿泉水瓶等。塑料垃圾占城市居民生活垃圾的3%~7%，并且比例在逐年上涨，其治理是环境保护的当务之急。

塑料垃圾难以降解，在自然界中可以“滞留”五百年。被塑料垃圾污染的土壤无法耕作；海洋里的塑料垃圾进入鱼虾的体内，还有可能被端上人类的餐桌；动物误食塑料垃圾，将无法消化食物而活活饿死；塑料垃圾堆积路边，被风一吹，就是白茫茫、铺天盖地的“白色风暴”。

塑料垃圾的回收难度较高，需要进一步分类才能够把同一类材质的塑料汇集在一起，再通过物理或化学的方法重新变成塑料原料。塑料工业协会给塑料制品打上了塑料材质辨识码，相当于塑料制品的“身份证”。1号是PET（聚对苯二甲酸乙二醇酯），这种材料一般用来制作透明矿泉水瓶。2号是PE-HD（高密度聚乙烯），这种材料用来制作清洁剂、洗发精、沐浴乳、食用油、药物等的容器，多半不透明，手感似蜡。3号是PVC（聚氯乙烯），多用以制造水管、雨衣、书包、建材、塑料膜、塑料盒等器物。4号是PE-LD（低密度聚乙烯），随处可见的塑料袋多以PE-LD制造，它们在高温下会产生致癌物质，故不能直接加热。5号是PP（聚丙烯），多用以制造水桶、垃圾桶、箩筐、篮子和微波炉用食物容器等。6号是PS（聚苯乙烯），多用以制造建材、玩具、文具、滚轮，还有速食店盛饮料的杯盒或一次性餐具。除上述之外的类型都归于7号塑料。目前，城市居民塑料垃圾分类管理制度还没有细化到这个程度，居民只需要辨识出塑料垃圾，具体是什么塑料垃圾将由物资回收部门进一步分类。

（三）废玻璃类

玻璃制品包括各种玻璃容器，根据回收工艺，玻璃分为无色玻璃、绿色玻璃、棕色玻璃等。玻璃的主要成分是二氧化硅、硅酸钙和硅酸钠等，化学性质非常稳定。其中的二氧化硅很难自然分解。相比于“百年不朽”的塑料垃圾，废旧玻璃制品在自然环境中简直是“万古长存”。玻璃是不可燃物质，一旦进入了垃圾焚烧炉，就会软化附着在炉壁上，降低焚烧效率。玻璃尖锐的棱角和脆性使它在自然环境中很容易伤害人和动物，不细心处理便后患无穷。

废玻璃最好的处理方式是回收利用，主要是作为铸造用熔剂、转型利用、回炉再造、原料回收和重复利用等，实现变废为宝。具体过程如下图所示。

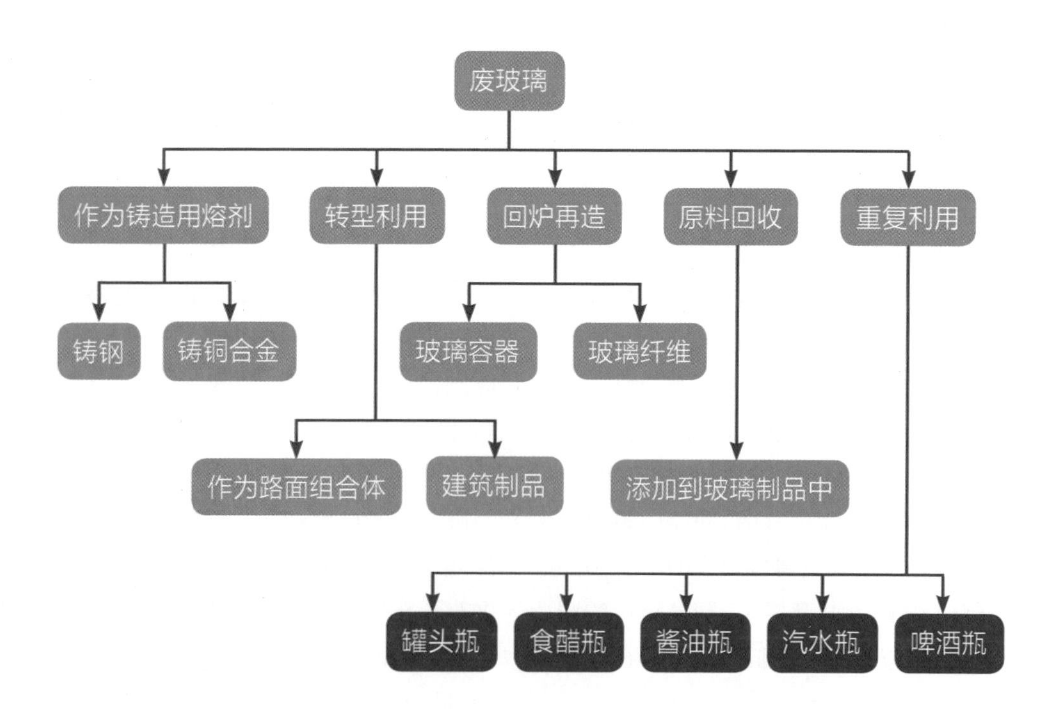

据统计，我国每年产生 5000 万吨左右的废玻璃。通过对废玻璃进行回收和利用，不但能保护环境，还有巨大的效益。回收 1 吨废玻璃可以再生 2000 个 500 毫升装的酒瓶，同时节约石英砂 720 千克，少用纯碱 250 千克，节约长石粉 60 千克，节约煤炭 10 吨、电 400 度。回收 1 个玻璃瓶所节约的能量，可以让 1 个 100 瓦的灯泡点亮 4 小时，可以让 1 台电脑运行 30 分钟，可以支持播放 20 分钟的电视节目。

（四）废金属类

金属制品小到易拉罐、金属罐头盒、金属材质的厨房用具等，大到报废车辆、建筑钢材等，范围十分广泛。金属是从矿山中开采出来，经过复杂的冶炼工艺提取出来的。矿产是不可再生资源，总会有枯竭的一天，我们应该充分利用废旧金属，别让它们消失得太快。

废旧金属回收可以通过火法富集、湿法溶解、微生物吸附等工艺，几乎能无限次循环使用，既减少了环境中的重金属污染，也产生良好的经济效益。回收 1 吨废钢铁可以炼好钢 900 千克。回收并生产 1 个铝质易拉罐比生产 1 个全新的铝质易拉罐节省 20% 的资金，同时节约 95% 的能量。

（五）废旧纺织类

废旧纺织物主要包括旧的衣服、书包、布鞋、床单、被套、窗帘、装饰品等。如果纺织物还比较新，可以把旧的牛仔裤改装成牛仔裙，或者洗干净送到民政部门安放的爱心物资收集箱，送给有需要的人。如果纺织物已经很旧，无法继续使用，就把它们送到可回收垃圾箱吧。

因为纺织物成分复杂，往往还带有配饰，目前废旧纺织物的回收率比较低。我国每年大约有 2600 万吨旧衣服被扔进垃圾桶，回收再利用率只有不到 1%。绝大多数纺织物被当作垃圾进行填埋或者焚烧等简单处理。但纺织物很难降解，填埋会长期占用大量的土地资源；低温燃烧容易产生有毒物质，高温焚烧会产生氮氧化物等大气污染物。因此，做好废旧纺织物的回收工作也是十分必要的。

枕头

衣服

玩偶

纺织物按面料可以分棉布料、麻布料、丝质布料、全毛布料、化纤布料、复合布料等，具有不同的回收价值。棉布料、麻布料可以作为很好的造纸原料被送到造纸厂，生产出纸张；化纤布料可以制成再生塑料颗粒，生产出再生塑料制品。纺织物还可以被制成再生纤维，做成无纺布等产品，甚至可以被制成“再生服装”重新穿上身。“再生服装”需要经过严格的清洁、消毒处理，做到和非再生服装同样的舒适与安全。

投放可回收物时，需要注意：

▲轻投轻放。

▲清洁干燥，避免污染。

▲废纸尽量平整。

▲立体包装物须清空内容物，清洁后压扁投放。

▲有尖锐边角的，应包裹后投放。

二、有害垃圾——安全处理

比利时马斯河谷烟雾事件、美国多诺拉镇烟雾事件、伦敦烟雾事件、美国洛杉矶光化学烟雾事件、日本水俣病事件、日本富山骨痛病事件、日本四日市气喘病事件……这些著名的公害事件让数以万计的人失去了健康、家产，甚至生命。近年来，我国的重金属中毒、雾霾诱发哮喘或肺癌等报道也越来越多。惨痛的教训告诉人们，如果不对有毒有害的废弃物进行处理，人类将成为最终的受害者。

有害垃圾是指生活垃圾中对人体健康或者自然环境造成直接或者潜在危害的物质。包括：废电池（镉镍电池、氧化汞电池、铅蓄电池等），废荧光灯管（日光灯管、节能灯等），废温度计，废血压计，废药品及其包装物，废油漆、溶剂及其包装物，废杀虫剂、消毒剂及其包装物，废胶片及废相纸、废农药包装物等。

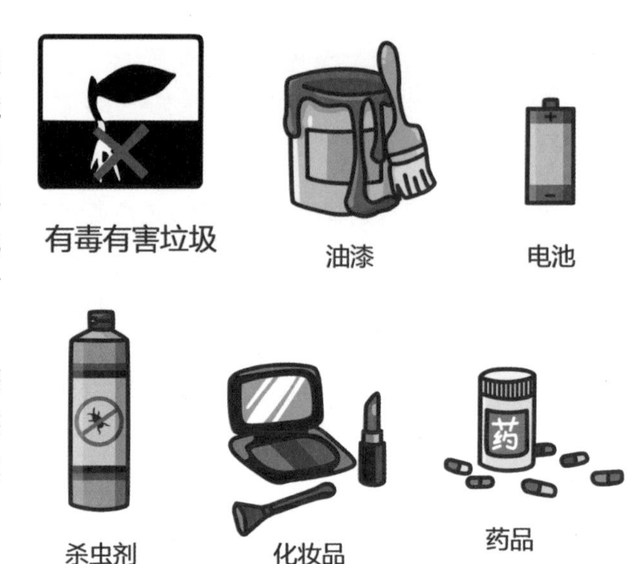

（一）废药品

过期药品是人们生活中常见的固体废弃物。过期药品有效成分降低，还可能分解出一些有害杂质，对人体造成伤害。比如磺胺类、青霉素类的药品，过期后服用可能会引发过敏和休克。废弃药品随意丢弃会对环境造成污染，如青霉素挥发到空气中，会造成周边的人皮肤过敏。投放过期药品时请连包装一并投放。废药品没有利用价值，一般经过高温蒸煮、粉碎后填埋或直接进入焚烧厂焚烧处理。

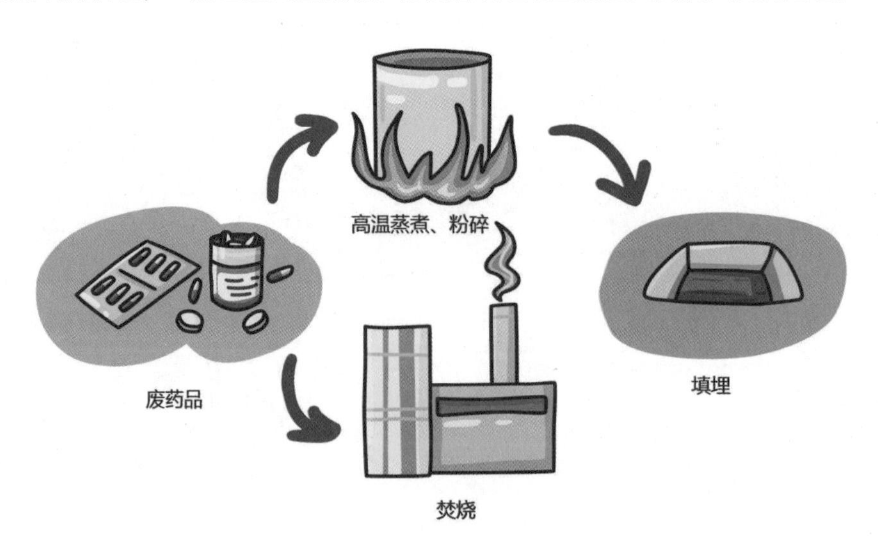

（二）废灯管

荧光灯管、节能荧光灯、汞体温表、汞血压计……都共同含有一种物质——汞（俗称水银）。我国《环境空气质量标准》规定，生活中汞的气态浓度应当低于 0.05 微克 / 立方米。节能荧光灯里一般有 5 毫克汞，假如荧光灯破损，以 15 平方米房间为例，空气中的汞含量将超过国家标准的 2560 倍。假如体温计破损（里面有 1000 毫克液体汞），在 15 平方米房间内完全挥发，理论上会超过国家标准 51 万倍。实验证明，在室温 26 摄氏度、15 平方米的办公室里，3 分钟内，一支体温计破碎造成汞泄漏挥发的汞，其气体浓度会超出国家安全标准的 100 多倍。

如果发现体温计破碎，应该立刻打开窗户，保持室内空气流通。对已经流出来的水银，可以撒上硫黄粉使其变成无毒的硫化汞，或者找一个容器将其密封，最好再添加一些水。因为汞的密度高于水，会沉到水下无法挥发，就不会对人体造成伤害。

危害物品处理企业对这类有害垃圾的处理过程如下：废灯管破碎后，碎片中的汞经过高温蒸发再冷凝回收利用；荧光粉经化学处理后形成新的荧光粉，用于新荧光灯制造；分离后的玻璃和金属回收利用。

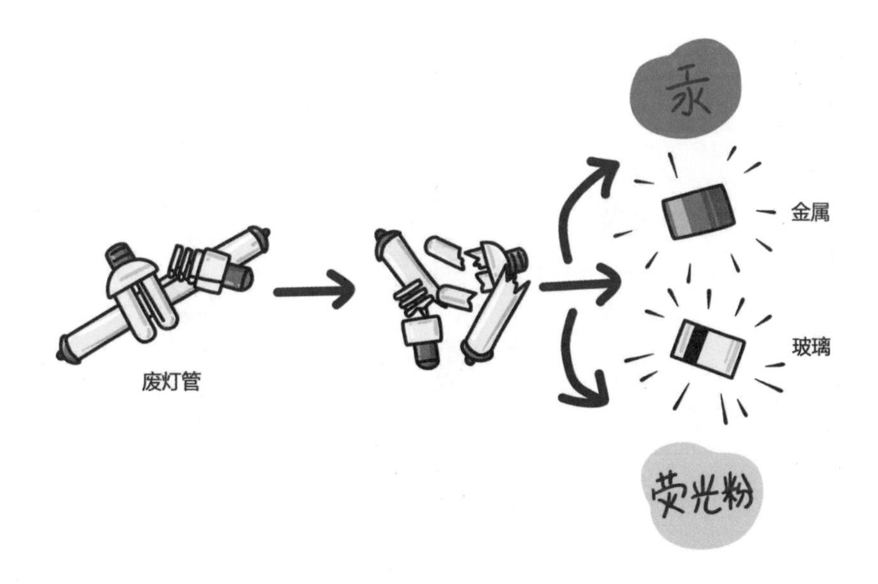

（三）废电池

电池作为一种可移动的能源设备，在日常生活中占有重要的地位，几乎所有的便携设备上都内置电池。《废电池污染防治技术政策》中提出，要促进废电池利用，重点控制废的铅蓄电池、锂离子电池、氢镍电池、镉镍电池和含汞扣式电池。废旧电池内部的重金属和酸碱会泄漏出来，如果填埋会渗透和污染水体、土壤，通过各种途径进入居民食物链。如果焚烧废旧电池，在高温下会腐蚀设备，某些重金属在焚烧炉中挥发，会造成大气污染，焚烧炉底重金属堆积，产生灰渣和致癌物质，会造成土地污染。

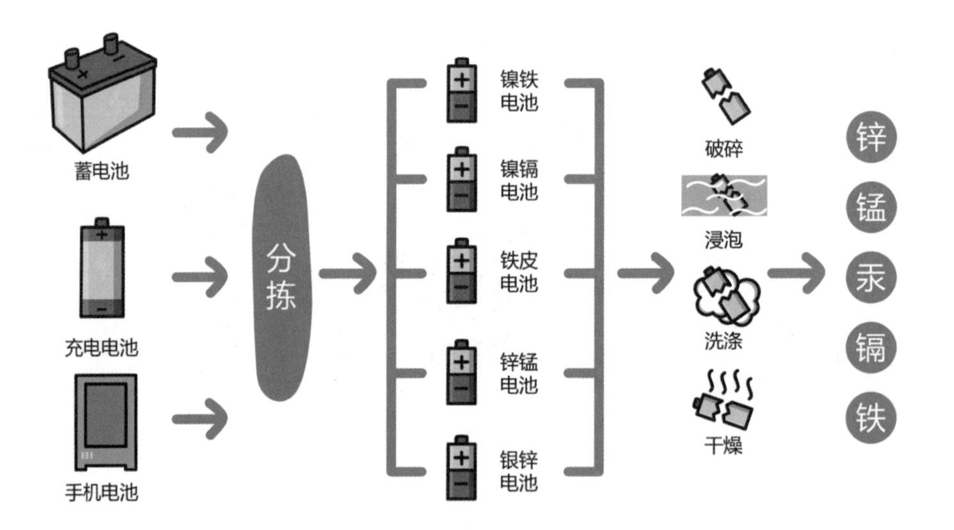

随着人们生活水平的提高，很多淘汰下来的旧家电也成为垃圾。家电的制作材料比较复杂，以电脑、手机、音响等产品为例，其组件中一般含有6种有害物质。如果将这些垃圾任意堆放在野外或者填埋于地下，重金属会随雨水渗入土壤和地下水，最终通过植物、动物进入人类的食物链并造成中毒事件。其实，废电器中很大一部分通过修理或重新组装还可以继续使用，国家也鼓励进行二手家电交易和废家电回收处理。在上海等发达城市，手机和电脑等电子产品要求投入可回收垃圾箱，但是有些地区暂时没有专门的电子垃圾回收企业，家电和电子垃圾就只能作为有害垃圾进行无害化处理。

过期的化妆品看起来还很美观，其实已经滋生细菌、丧失功效，会对皮肤造成损伤。对于过期化妆品的处理也应谨慎对待，它们的化学成分复杂，如果当作普通生活垃圾处理，会对水、土壤、空气造成污染。

有害垃圾实行定期或预约收运。以上海为例，居民小区产生的有害垃圾投入到有害垃圾收集容器后，由所在区域生活垃圾清运单位或所在区域绿化市容管理部门指定的具备条件的作业单位负责收运，通过专用的收集车将其运输到区级中转点存放，积存满一定量后，由区中转点管理单位（或区市场监管部门）预约市绿化市容局确定的专业收运企业进行统一运输、分拣贮存，最终根据危险废物类别交由有相应危废经营许可资质的单位进行无害化处置。（如下图所示）

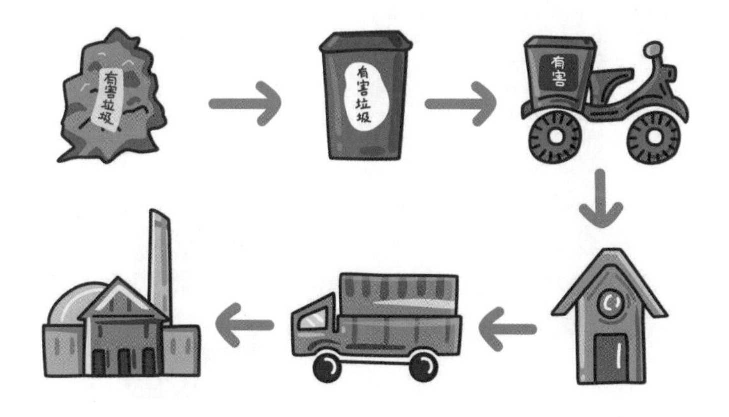

三、厨余垃圾——生物降解

厨余垃圾是指生活垃圾中以有机质为主要成分，具有含水率高，易腐烂发酵、发臭等特点的物质。主要包括：单位食堂、宾馆、饭店和酒楼等产生的餐厨垃圾；农贸市场、农产品批发市场和生鲜超市产生的蔬菜瓜果垃圾、腐肉、肉碎骨、蛋壳、畜禽产品内脏和过期食品等；居民家庭产生的厨余垃圾，包括果蔬及食物下角料、剩菜剩饭、瓜果皮、盆栽残枝落叶等。

根据“出生地”不同，厨余垃圾主要分为餐饮垃圾和厨余垃圾。前者主要指饭店、食堂等餐饮业的残羹剩饭，具有产生量大、数量相对集中的特点，后者主要指居民日常烹调中废弃的下角料和剩饭剩菜，数量巨大但相对分散，总体产生量超过餐饮垃圾。

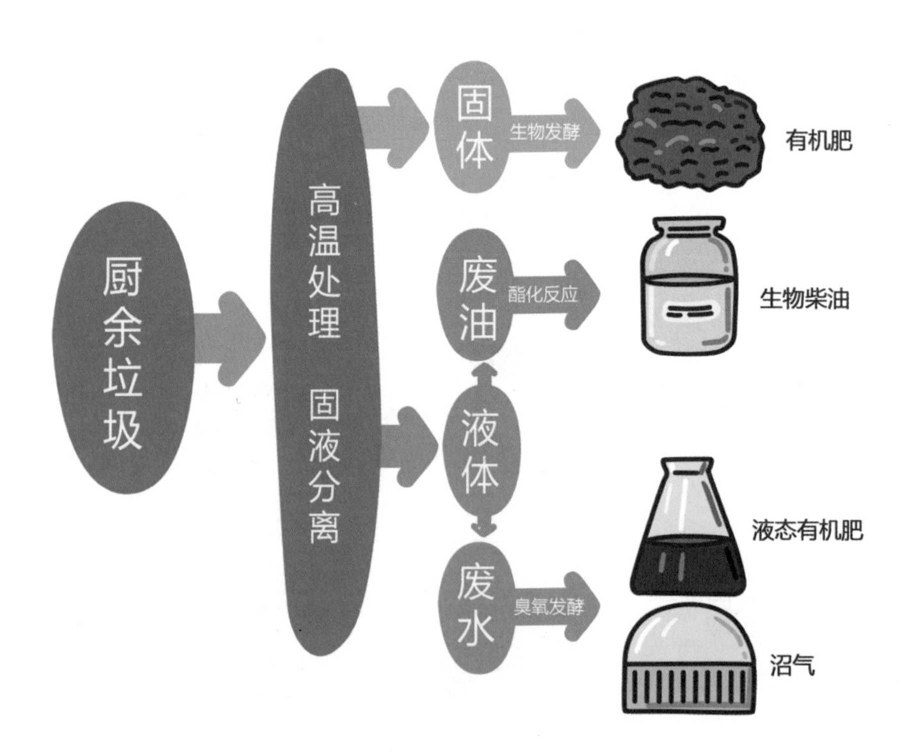

根据具体产生过程和物料特点，厨余垃圾还可以分为三大类。

第一类是饭菜加工过程中形成的垃圾，主要是从蔬菜切下来的茎叶、蔬菜夹带的泥土、鱼鳞、禽类的头脚羽毛等厨房加工剩下的余物。这类垃圾中不含剩饭以及油水分离器垃圾、含油很少，经济价值不高。这类垃圾多用来堆肥，利用垃圾或土壤中存在的细菌、真菌等微生物，使垃圾中的有机物发生生物化学反应而降解，形成一种类似腐殖质的土壤，可以当作有机肥料来改良土壤。

第二类是剩饭剩菜，俗称为泔水。这类垃圾主要是剩余的饭菜和汤水等，从中提出的油称为泔水油。这种油的性质基本是中性的，酸值不高，很容易混入食用油。《中华人民共和国动物防疫法》和《中华人民共和国畜牧法》规定，泔水不能用来饲喂家禽、家畜，它们最好是用来堆肥或者生产沼气。

第三类是油水分离器垃圾。这类垃圾主要是餐馆饭店在洗刷过程中，餐具中剩余的少量饭菜和一些油脂、洗涤剂随着洗刷水进入油水分离器，油脂类物质漂浮在水面，形成油水分离器垃圾。油水分离器垃圾的油脂含量比较高，一般在20%~80%。随着饭店等级的不同，含油量有很大差别，从油水分离器垃圾中提取的油被称为“地沟油”，这类油的凝点较高，酸值较高，致癌性强。

除了从厨房、餐桌上诞生的厨余垃圾，那些容易腐烂的枯枝落叶、开败的鲜花、茶叶渣、咖啡渣、中药渣、过期调料等也属于这一大类。如果过期的果肉饮料需要倒掉，液体部分直接倒进水池，果肉等非流质部分归入厨余垃圾，饮料瓶归入可回收物。

处理厨余垃圾的注意事项：

厨余垃圾需要沥干水分，用专用袋收存。勿将牙签、瓶塞、纸巾等杂物混进厨余垃圾。厨余垃圾必须日产日出，清理后应立刻更换干净的新桶。厨余垃圾桶应加盖，避免异味溢出以及老鼠争食。垃圾放置点保持通风、避免日晒、定期冲洗，保持地面清洁干爽。

居民在投放厨余垃圾时必须进行“破袋”处理，即直接将厨余垃圾投入厨余垃圾收集容器，而把垃圾袋投入其他垃圾收集容器。

四、其他垃圾——卫生填埋

其他垃圾是指生活垃圾中除可回收物、有害垃圾、厨余垃圾以外的其他生活废弃物。

其他垃圾包括砖瓦陶瓷、渣土、卫生间废纸、瓷器碎片等难以回收的废弃物，采取卫生填埋可有效减少对地下水、地表水、土壤及空气的污染，在当今社会，还无有效化解其他垃圾的好方法，所以需尽量少产生。

使用过的一次性用品无法再利用，属于其他垃圾。吃完烤肠、鱿鱼的签子属于其他垃圾（但是如果上面还有残留的烤肠、鱿鱼，这部分食物属于厨余垃圾），大棒骨、贝壳、坚果壳等难以自然降解的食物残余也属于其他垃圾。花生壳虽然也是果壳，但是相对易腐，应归于厨余垃圾。尘土属于其他垃圾。如果一个垃圾在垃圾分类表上找不到，输入垃圾分类网站也查不到归属，建议投放到其他垃圾的容器中。

投放其他垃圾有时需要将废弃物拆分，例如将残余食物放入厨余垃圾后，再将餐具放入其他垃圾收集容器；卷筒纸 / 卷筒保鲜膜用完后，卷筒内芯放入可回收垃圾中，废弃的纸巾和保鲜膜放入其他垃圾中。

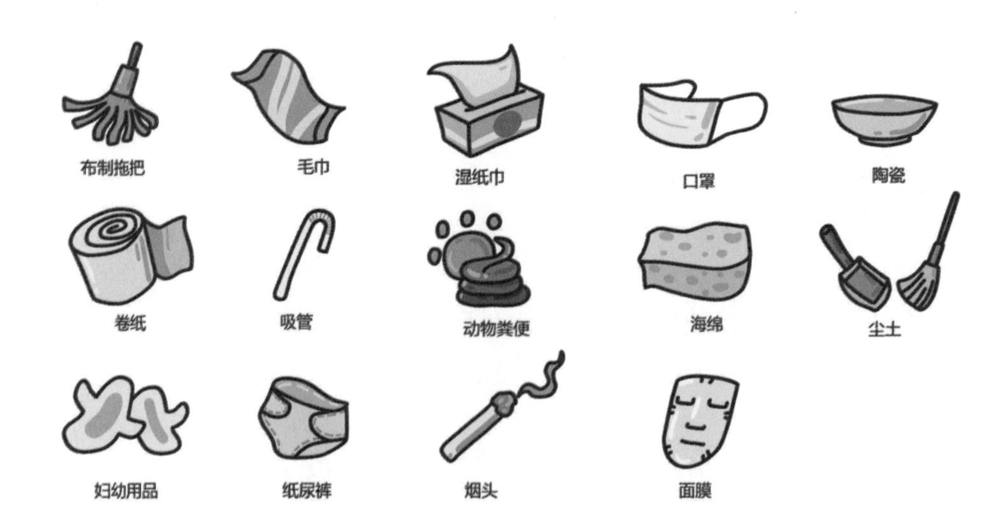

五、垃圾分类图

讲完垃圾分类的原则、原因和注意事项之后，是不是有点眼花缭乱呢？下面这个图能帮助进一步理解和记忆。不过，需要强调的是，垃圾分类不是目的，最重要的是减少垃圾的产生。但垃圾分类涉及回收处理等因素，不同时期和地区或有差异，请以政府颁布的相关政策法规为准。

有害垃圾

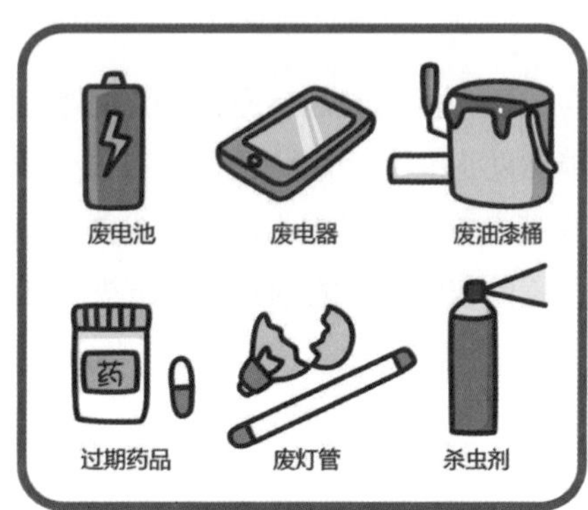
废电池
废电器
废油漆桶
药
过期药品
废灯管
杀虫剂

其他垃圾

宠物粪便
烟头
污染纸张
破旧陶瓷品
灰土
一次性餐具

第四章

我 们 的 行 动

在大家充分认识到垃圾分类的意义，学习借鉴了国外垃圾分类的现状和先进经验，以及了解如何进行垃圾分类的知识后，现在是时候开始我们的行动了！

一、节约资源，减少垃圾产生

垃圾分类和源头减量相辅相成，缺一不可，很多生活习惯的改变都能减少垃圾的产生，减轻环境承载压力。仅做好垃圾分类是不够的，从源头上减少垃圾的产生才是硬道理。减少垃圾产生就是垃圾减量化，是指在生产、流通和消费等过程中避免和减少资源消耗和废物产生（含体积和重量）。

垃圾减量化就是最大程度地节约资源。减少生活垃圾、垃圾分类和垃圾的科学处理（包括循环利用）是当代垃圾处理理念的三个环节。在这三个环节中，减少生活垃圾的产生是最本质也最有效的环节，能够减轻环境的负担。

要减少垃圾的产生，可以从以下三个方面行动。

（一）生产、流通环节的垃圾减量化

垃圾减量最有效的方法是从源头做起，从生产和流通环节开始，减少甚至不产生垃圾。一是要推进清洁生产。推进清洁生产和绿色认证制度，鼓励使用清洁能源和原料，采用先进工艺设备，减少或避免垃圾排放；二是要限制过度包装。在生产和流通环节限制商品过度包装，避免使用超薄塑料袋等难以降解的包装材料；三是鼓励循环利用。鼓励生产系统内部物料的循环利用，建立包装物强制回收利用制度，颁布产品和包装物回收目录。建立废包装材料、废旧电器、废电池等领域的生产者责任延伸制度，鼓励制造商回收处理报废产品，建立产品制造、运输、销售、维护、报废、回收再利用一体化服务体系；四是提倡流通环节绿色环保。鼓励净菜上市和洁净农副产品进城；严格执行限塑令，加强对农副产品市场、零售业等重点场所和行业的监督检查；推广使用菜篮子、布袋子；限制宾馆、酒楼等场所的一次性用品的使用。

（二）消费环节的垃圾减量化

倡导消费者在日常生活中养成勤俭节约、绿色低碳、文明健康的生活方式。

购物时应尽量做到绿色购物，购买简易包装或者不需要包装的物品。购买可长期使用的物品，避免购买一次性用品。购物时可携带环保袋，不使用一次性塑料袋。

出行时应做到绿色出行，外出旅行时带上可以重复使用的水杯、牙刷、毛巾、拖鞋等，尽量不使用一次性用品。出行时产生的垃圾也按照垃圾分类要求进行规范分类。

就餐时选择绿色就餐，在就餐过程中选择可重复使用的餐具，不使用一次性餐盒、一次性筷子、一次性水杯等等。适量点餐，鼓励空盘或打包，也可避免食物浪费和餐厨垃圾的产生。

（三）垃圾资源化

垃圾资源化与无害化密不可分，是指将垃圾直接作为原料、产品进行利用，或者对垃圾进行再生利用，也就是采用适当措施实现垃圾中的材料等资源再利用的过程。

二、人人参与，落实垃圾分类

（一）习惯成自然

垃圾混装是目前很多人的一种生活习惯，垃圾分类也可以成为人们的生活习惯。从我做起，坚持不懈，养成自律、健康、简约的生活习惯，跟上时代发展的步伐。

首先是转变观念。垃圾分类的教育就是养成良好习惯的一个过程。所以从这个意义上讲，垃圾分类主要是在培养公民意识、环保意识和责任意识。在当前，坚持做好垃圾分类就是锻炼和提升个人素质的一种方法。

其次是适当的制度指引和约束。一个良好习惯的形成，需从树立正确的意识开始，但仅有意识是不够的，需要制度、法律来指引、约束和规范。这样坚持下去，垃圾分类自然会成为一种习惯，最终个人的习惯在制度的引导下，成为全社会的自觉行动。

（二）社会参与、人人动手、大家受益

垃圾分类，人人有责，各行参与，人人受益。

1. 青少年的行动

青少年接受新生事物快，更易养成良好的习惯，可以从以下几个方面行动。

学习垃圾分类的知识和具体流程；在学习的基础上做好自身的垃圾分类；利用空余时间，去担任志愿者，做垃圾分类宣传；发挥聪明才智，对学校、社区垃圾分类积极建言献策；“小手拉大手”，用自己的实际行动去督促家人和朋友，与长辈们一起参与垃圾分类，用自己的行动去影响别人。

2. 小区居民

（1）家中垃圾提前分类。在丢弃垃圾之前分好类，按照可回收物、有害垃圾、厨余垃圾和其他垃圾四个大类分别包装。

（2）丢弃时要识别出正确的垃圾桶。按照中国住房和城乡建设部发布的《生活垃圾分类标志》标准，从2019年12月1日起，城市中的垃圾桶会分为可回收物、有害垃圾、厨余垃圾和其他垃圾四个大类，居民要熟悉这四个大类的标志，投放前要看仔细，以免丢错。

（3）定时处理闲置不用的物品。每家每户都有一些闲置不用的物品等，弃之可惜、留之无用。如果及时期清理这些物品，在小区、社区等机构的协调下，定期举办这类物品交换、低价交易或免费赠送的活动，既可物尽其用、变废为宝，又可直接减少垃圾的产生，可谓一举多得。

（4）加强对家政服务人员的培训。据不完全统计，城市有五分之一的家庭家务由保姆或小时工等家政服务人员来承担，对家政服务人员进行垃圾分类培训，显得尤为必要。

3. 党政机关、事业单位

（1）以身作则，率先行动。党政机关和事业单位在垃圾分类时应以身作则，起到表率和示范作用。

（2）践行“低碳办公”。倡导公职人员践行绿色低碳工作和生活方式，带头推行电子公文和无纸化办公；优先选择使用再生纸张；纸张双面使用；使用可循环利用物品；少使用一次性用品。例如，在办公室有复印机的位置上都张贴“双面打印”提示和放置回收箱；督促推行办公节约用纸和收集废弃纸张、报纸等纸质类可回收物。

（3）“宣传＋问责”助推生活垃圾分类落地。加强宣传，切实问责，也是机关单位探索的关键举措。机关单位产生的垃圾与平日家庭生活中产生的垃圾在种类上有所区别，主要是以纸质材料等可回收物和干垃圾为主，瓜果残余等餐厨垃圾相对较少。党政机关单位可采取多种宣传教育和监督检查措施，明确各单位责任人，加强组织领导。

4. 小区居民及物业

垃圾分类管理最艰难的一步是在社区。不同的社区人口构成、环境差异很大，社区人口具有一定的流动性。社区是垃圾分类的主战场，物业和居民是这里垃圾分类的主力军。

（1）物业管理是推进生活垃圾强制分类的一道保障。物业人员要站好垃圾分类的“第一班岗”。社区居民委员会应当指导、规范与督促物业管理企业和所在社区公众开展源头减量与分类工作。业主委员会、物业管理企业应当在物业区内开展宣传、指导工作，动员、组织区内公众实施源头减量与分类，监督区内清洁公司做好分类收集、转运工作。

（2）居民家中可常备厨余垃圾和其他垃圾的垃圾桶。因可回收物一般较洁净，有害垃圾产生较少，所以可以单独存放，之后统一投放至小区内相应的回收容器即可。

5. 餐饮行业

2018 年，我国产生厨余垃圾约 1 亿吨。厨余垃圾不仅影响环境，还会污染大气环境。无论是连锁餐企还是街边小餐馆，无论是商超店还是外卖，都必须减少和处理好厨余垃圾。这类服务单位需将垃圾和废弃油脂投放至专门的收集容器，

之后再进行专门的转运。而外卖服务可减少一次性器具的发放，鼓励顾客使用自己的餐具。

6. 旅游行业

良好的环境是发展旅游的基础，旅游行业的垃圾分类有其特殊之处。

应引导游客理念上认同，行动上自觉。让游客认识到实行垃圾分类的重要性和必要性。

可设立文明旅游纠察员。公共场所特勤人员兼任文明旅游纠察员，宣传垃圾分类，提示正确的垃圾投放方式等。

7. 农村生活垃圾分类

按照《湖北省城乡生活垃圾分类技术导则》的要求，对于居住在村（组）、自然湾等处的居民，垃圾分类可以从以下几个方面着手。

（1）基本要求。农村生活垃圾做到应收尽收，应分尽分，并以村民可接受、操作较容易、设施设备全、环境效益好为导向，实施长效管理。农村生活垃圾分类投放、分类收集、分类运输和分类处理设施的布局、规模和用地指标应纳入“美丽乡村”“农村人居环境整治”等相关规划。

（2）分类投放和转运。农村生活垃圾可按有害垃圾、可回收物、易腐垃圾、其他垃圾进行分类。分类后的垃圾实行分类收集和运输。

（3）宣传教育。乡镇人民政府和村民委员会、街道办事处可通过宣传栏、电子屏等公共视听载体进行生活垃圾分类宣传。

三、如何处置分类垃圾

对已分类垃圾的妥善处理，既是垃圾分类的目的，反过来也是对源头各行各业垃圾分类行动的正向反馈和鼓励，还是政府责任和担当的体现。

（一）分类收运

对不同类别生活垃圾进行分类收运，做到源头分类投放和终端分类处理无缝衔接。垃圾运输车辆应采用密闭、低噪音、清洁环保的车辆。收运车辆应标有明显的生活垃圾分类标识。

1. 可回收物

设置兼具垃圾分类与再生资源回收功能的交投点和转运站，做好垃圾分类相关信息、数据的统计、汇总和上报工作；建立再生资源回收利用信息化平台，提供回收种类、交易价格、回收方式等信息。可回收物由居民或单位自行交售至回收站点，或临时存放点进行分类收集。废旧电器、大件垃圾等可采用预约或定期协议方式，由具备相关资质的企业实行专项收运。

2. 厨余垃圾

厨余垃圾可采取巡回直运与转运相结合的方式收运，以巡回直运为主。专用厨余垃圾收集车采用“车载桶装”的方式进行收集，收集过程中应保证无滴漏、无洒落。可采取三种方式运输：直接运送至厨余垃圾集中处理设施处理；就近运送至分散式就地处理设施；收集至分类转运站转运至厨余垃圾集中处理设施。相关部门要加强对厨余垃圾运输、处理过程的监管。

3. 有害垃圾

按照便利、快捷、安全原则，根据有害垃圾的品种和产生数量，合理确定或约定收运频率，实行定点定期收运。对列入《国家危险废物名录》（环境保护部令第 39 号）的品种，应按要求设置临时储存场所。

有害垃圾应由具备相关资质的运输单位定期分类收运至生态环境部门指定的

处置场所。居住区或单位产生的有害垃圾，也可采取预约收运或定期收运方式，由环卫收运单位分类收运至生态环境部门指定的处置场所。

4. 其他垃圾

其他垃圾通过收集车采用桶车对接的方式进行分类收集，采取集中转运为主、巡回直运为辅的方式运送至末端处理设施。

（二）分类处理

1. 可回收物

可回收物由再生资源回收利用企业进行回收利用和资源化处理。

2. 厨余垃圾

（1）城市厨余垃圾。城市厨余垃圾采取集中处理为主、分散处理为辅的模式。集中处理即经由专用大型设施进行集中生物处理。还可以将厨余垃圾挤压脱水后进入生活垃圾无害化处理设施协同处理。大型农贸市场、果蔬市场、标准化超市等地的易腐垃圾，宜由经营单位就地处理。

（2）农村厨余（易腐）垃圾。农村厨余（易腐）垃圾采取就地分散处理为主、集中处理为辅的方式处理。鼓励农村地区实施易腐垃圾就地生物处理、就近还田利用。分散式就地处理站点可以行政村为单位，采用生态堆肥设施堆肥处理，或进入农村沼气工程合并处理。还可以行政村或乡镇、街道为单位，采用一体化生化处理设备处理。

3. 有害垃圾

有害垃圾须强制回收，交由生态环境部门核准的具备相应资质的单位进行无害化处理。鼓励环保企业全过程统筹实施有害垃圾的分类、收集、运输和处理。

医疗废物作为特殊的有害垃圾，从出医院门，到处理中心处理的全程都要严格监管。要建立完善的监管体系，加强医疗废物的各个环节的管理；要对医疗废物处置工作人员和环卫工人等进行培训。医疗废物的处理方法主要包括卫生填埋法、高温焚烧法、压力蒸汽灭菌法、化学消毒法、电磁波灭菌法、热解法、等离子体法等。

4. 其他垃圾

其他垃圾统一收运至市、县的垃圾无害化处理场所，进行焚烧、水泥窑协同或卫生填埋处理，逐步减少原生垃圾填埋量。

第五章

垃 圾 分 类 小 知 识

单项选择题：

1. 被污染的旧衣服属于（ D ）

A. 可回收物　　B. 有害垃圾
C. 可降解垃圾　　D. 其他垃圾

2. 过期药品属于（ B ），需要进行特殊处理

A. 其他垃圾　　B. 有害垃圾
C. 不可回收垃圾　　D. 厨余垃圾

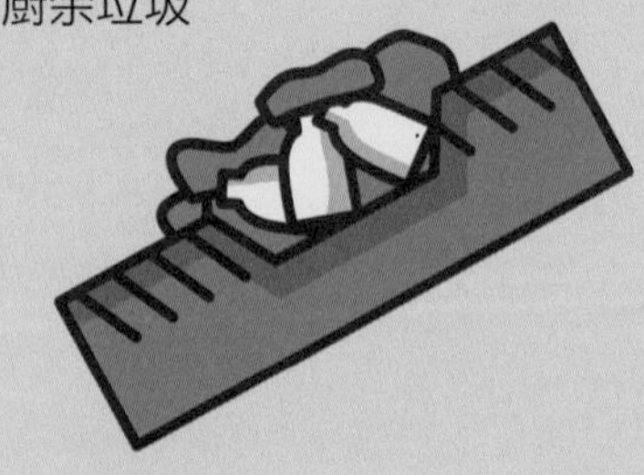

3. 盛装过农药或其他毒害品的包装废弃物，在未进行无害处理的条件下，需要先（ B ）

A. 洗净再利用　　B. 安全贮存

C. 填埋　　D. 焚烧

4. 包装废弃物指（ A ）

A. 已经使用过但不能再进行利用的包装物

B. 已经使用过但还能再进行利用的包装物

C. 未经使用但材质有问题的包装物

D. 未经使用但不便于再重复利用的包装物

5. 白色污染是指（ B ）

A. 所有白颜色的垃圾造成的污染

B. 塑料废弃物造成的污染

C. 一种白色化学气体造成的污染

D. 白颜色塑料废弃物造成的污染

6. 家庭盆栽中废弃的树叶属于（ D ）

A. 有害垃圾　　B. 其他垃圾
C. 可回收物　　D. 厨余垃圾

7. 下列属于可回收物的是（ C ）

A. 硅胶玩具　　B. 一次性餐具
C. 文具盒　　D. 乳胶枕

8. 下列不属于其他垃圾的是（ D ）

A . 灰土　　B. 烟头
C. 陶器　　D. 铝质易拉罐

9.(D)可进行降解堆肥处理

A. 可回收物　　B. 其他垃圾
C. 有害垃圾　　D. 厨余垃圾

10.(B)可填埋处理

A. 可回收物　　B. 其他垃圾
C. 有害垃圾　　D. 厨余垃圾

11.(A)可进行资源再利用

A. 可回收物　　B. 其他垃圾
C. 有害垃圾　　D. 厨余垃圾

12. 目前城市垃圾处理主要方式不包括（ D ）

A. 焚烧　　B. 堆肥
C. 填埋　　D. 简单堆积

13. 下面属于其他垃圾的是（ B ）

A. 文具　　B. 用过的湿巾纸
C. 贝壳肉　　D. 光盘磁带盒

14. 保鲜袋属于（ B ）

A. 可回收物　　B. 其他垃圾
C. 有害垃圾　　D. 厨余垃圾

Other

15. 乱丢废电池对人体可能造成以下哪种危害（ A ）

A. 镍中毒　　B. 氰中毒
C. 铬中毒　　D. 氟中毒

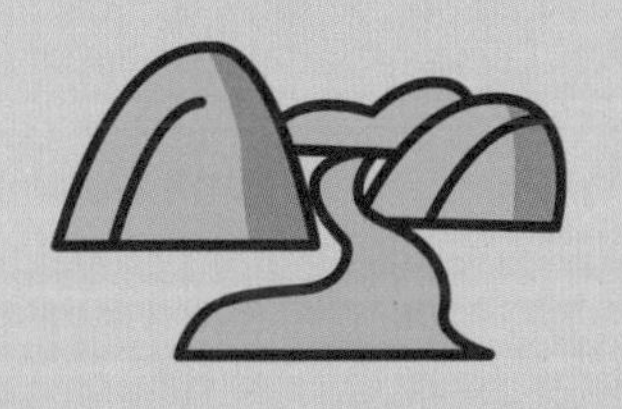

16. 垃圾的卫生填埋可有效减少对（ C ）、地表水、土壤及空气的污染

A. 河流水　　B. 雨水
C. 地下水　　D. 自来水

17. 过期食品属于（ D ）

A. 可回收物　　B. 其他垃圾
C. 有害垃圾　　D. 厨余垃圾

18. 过期化妆品属于（ C ）

A. 可回收物　　B. 其他垃圾
C. 有害垃圾　　D. 厨余垃圾

19. 有机玻璃制品属于（ A ）

A. 可回收物　　B. 其他垃圾
C. 有害垃圾　　D. 厨余垃圾

20. 被污染的卫生纸属于（ B ）

A. 可回收物　　B. 其他垃圾
C. 有害垃圾　　D. 厨余垃圾

21. 下面不属于可回收物的是（ D ）

A. 笔记本　　B. 复印纸
C. 玩具　　D. 烟蒂

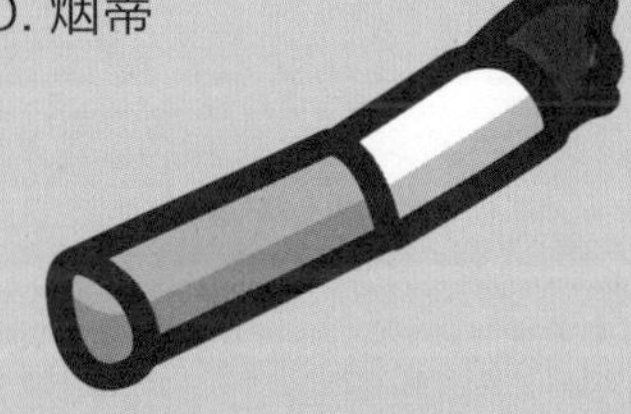

22. 下面不属于厨余垃圾的是（ D ）

A. 贝壳肉　　B. 排骨骨头
C. 蔬菜　　D. 塑料文具

23. 旅行袋属于（ A ）

A. 可回收物　　B. 其他垃圾
C. 有害垃圾　　D. 厨余垃圾

24. 下面属于可回收物的是（ C ）

A. 脏玻璃瓶　　B. 海绵

C. 旧衣服　　D. 脏袜子

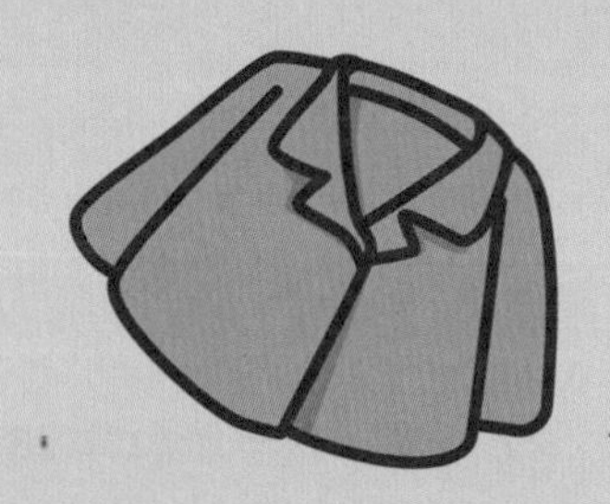

25.（ C ）均属于其他垃圾

A. 鸡蛋壳、玻璃　　B. 厕纸、塑料洗脸盆

C. 餐巾纸、玉米叶　　D. 金属厨具、塑料玩具

26.（ A ）均是可回收物

A. 牛奶、药品的纸盒　　B. 废纸屑、破衣服

C. 废纸、树叶　　D. 陶器、花盘

27.(D)均属于可回收物

A. 灰土、打印纸、毛巾　　B. 纸杯、空调、瓷器
C. 过期药品、日光灯管、烟头　　D. 玻璃杯、电脑

28. 废手机电池属于(C)

A. 厨余垃圾　　B. 其他垃圾
C. 有害垃圾　　D. 可回收物

29. 茶叶渣和家庭盆栽绿植废弃物属于(C)

A. 有害垃圾　　B. 可回收物
C. 厨余垃圾　　D. 其他垃圾

多项选择题：

1. 我国城市生活垃圾末端处理方式主要采用（ ABC ）

A. 填埋　　B. 焚烧

C. 堆肥　　D. 资源利用

2. 可以燃烧的生活垃圾包括（ ABC ）

A. 废塑料橡胶　　B. 废旧木头

C. 不适宜回收的废纸　　D. 玻璃

3. 危险品包装是指盛装具有对人体、动植物甚至生态环境有危害特性的包装物，其危险性表现在（ ABCD ）

A. 爆炸性　　B. 易燃性
C. 腐蚀性　　D. 感染性

4. 有害垃圾单独收运和处理工作已引起社会高度重视，下列废弃物中属于有害垃圾的是（ ABCD ）

A. 含汞荧光灯　　B. 温度计
C. 纽扣电池　　D. 过期药品

5. 可回收物包括（ ABC ）

A. 废旧手机　　B. 电冰箱
C. 电脑　　D. 蓄电池

6. 可回收物是指适宜回收和资源利用的垃圾，下列属于可回收物的有（ ABD ）

A. 报纸　　B. 塑料玩具
C. 废旧电池　　D. 平板玻璃

7. 下列属于其他垃圾的是（ AB ）

A. 灰土　　B. 卫生间废纸
C. 荧光灯管　　D. 织物

8. 下列说法中正确的有（ ABCD ）

A. 酸奶塑料杯需要先洗净后才可投放入可回收物垃圾箱
B. 大骨头可直接投放进其他垃圾桶内
C. 话梅核、坚果核等可投入厨余垃圾桶内
D. 绘画用的颜料可投放入有害垃圾桶内

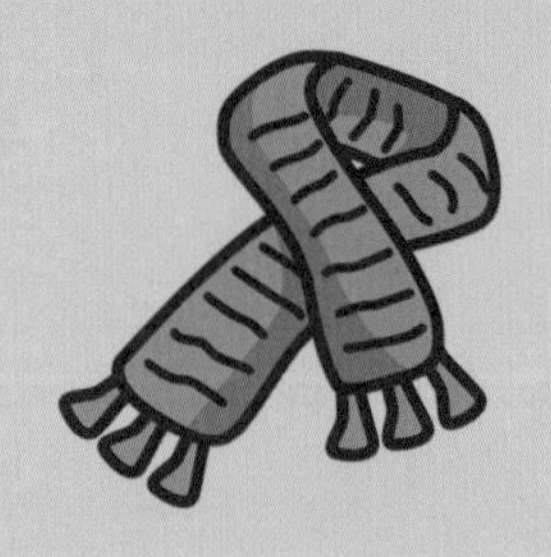

9. 为保护环境，从源头上减少垃圾数量，我们应该（ ACD ）

A. 购买大包装的商品
B. 购买小包装的商品
C. 尽量少用或不用一次性用品
D. 在外就餐时吃多少点多少

10.（ AB ）在自然界中很难降解

A. 玻璃瓶　　B. 塑料袋
C. 废纸　　D. 果皮

11. 下列属于可回收物的是（ ABC ）

A. 废易拉罐　　B. 饮料盒
C. 牛奶盒　　D. 被污染的旧衣服

12. 下列属于其他垃圾的是（ BC ）

A. 蛋壳　　B. 花盆
C. 被污染的旧衣服　　D. 废旧电池

13. 下列属于有害垃圾的是（ AB ）

A. 节能灯　　B. 荧光灯管
C. 钨丝灯泡　　D. 金属罐头

14. 下列属于可回收物的是（ ABC ）

A. 牙刷　　B. 牛奶盒
C. 布料　　D. 卫生间废纸

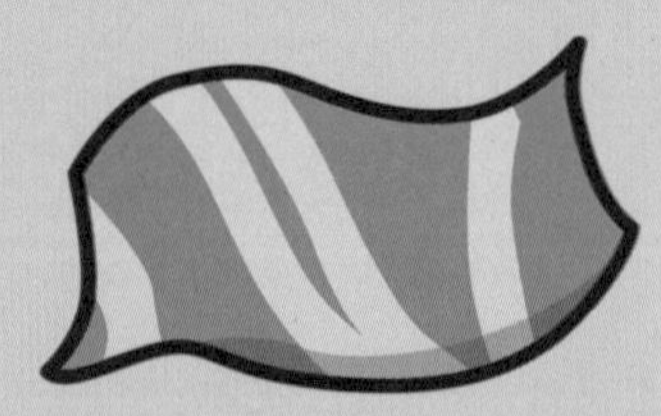

15. 下列属于厨余垃圾的是（ ABC ）

A. 虾壳
B. 瓜子壳
C. 过期食品
D. 动物大骨

16. 下列说法正确的是（ AD ）

A. 投放瓶罐类物品进垃圾桶时尽可能将容器内产品用尽或倒尽，并清理干净
B. 可以将废油漆和溶剂随便投放到任意的垃圾桶中
C. 小区垃圾桶盖应该打开，利于垃圾桶通风
D. 厨余垃圾水分多，易腐烂变质，散发臭味

17. 下列说法错误的是（ AD ）

A. 所有物品都能循环再造
B. 不同的可循环物料由不同的回收厂收回，先分类有助于交收
C. 避免可循环物料遭受其他废物污染，影响其回收价值
D. 无需对有毒垃圾进行特别处理

18. 下列关于废纸回收说法正确的是（ AD ）

A. 定期把废纸放回收集地点或回收箱
B. 餐巾纸、卫生纸属于可循环再造的纸
C. 可以将全部的废纸都进行回收
D. 要保持废纸清洁、干爽

19. 下列关于铝罐垃圾处理的说法正确的是（ ABCD ）

A. 所有铝罐都能回收
B. 应将铝罐中的液体清除，防止滋生蚊虫
C. 把铝罐压平，减少其体积，方便收藏
D. 不应将垃圾塞入罐中，妨碍回收

20. 加强城市生活垃圾分类管理，可提高城市生活垃圾（ ABD ）水平

A. 减量化　　B. 资源化
C. 生态化　　D. 无害化

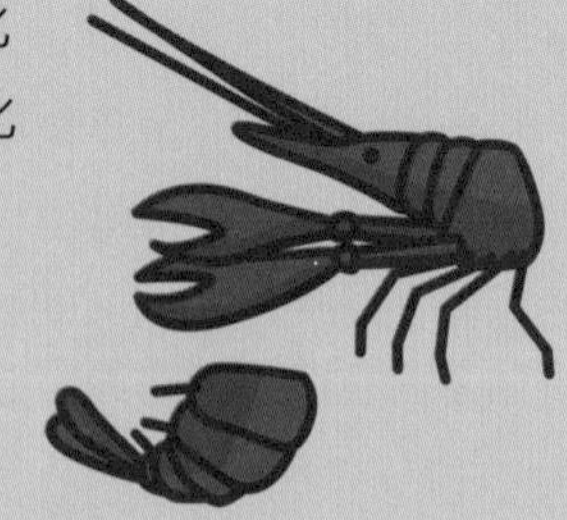

22. 下列属于垃圾减量化措施的是（ ACD ）

A. 在生产流通环节鼓励绿色生产，减少过度包装

B. 在消费环节增加一次性产品的使用，推广绿色办公

C. 在垃圾处理环节完善废品回收，提高资源回收利用率

D. 推进生活垃圾分类以及对厨余垃圾、装修垃圾等进行资源化利用

1. 被油污染了的旧报纸是其他垃圾。

2. 旧鞋子属于可回收物。

3. 废旧的家具（桌椅、沙发、床垫）是大件垃圾，请咨询物业。

4. 家庭用的沐浴露和洗发水的塑料瓶属于可回收物。

5. 方便面盒属于其他垃圾。

6. 其他垃圾要运至生活垃圾填埋场进行卫生填埋处理。

7. 有害垃圾要运至有害垃圾临时存放点存放，达到一定数量后交由环保部门指定的有害垃圾处理公司进行处理。

8. 一颗纽扣电池产生的有害物质，可污染60万升水，相当于一个人一生的用水量。

9. 厨余垃圾和其他垃圾的运输由各区县级环卫运输车队负责或者委托具有生活垃圾运输许可证的企业负责。

10. 部分电池含汞、镉、铅、镍等重金属，丢弃后这些重金属易渗入土壤，对于环境危害很大。

11. 废旧的被子和床单属于可回收物。

12. 家庭中的废杀虫剂和蚊香属于有害垃圾。

13. 废旧的地毯和踏垫属于可回收物。

14. 废弃花草应根据区域城管部门的要求，定时定点放置。

15. 手机中含有大量不能降解的塑料和有毒重金属，因此回收废旧手机是十分必要的。

16. 家中枯萎的水培植物和鲜花属于厨余垃圾。

17. 混杂、污染、难分类的塑料类、玻璃类、纸类等生活垃圾属于其他垃圾。

1. 生活垃圾处理的四大步骤是什么？

答：分类投放、分类收集、分类运输、分类处置。

2. 生活垃圾处理应当遵循哪四大原则？

答：政府主导、全民参与、城乡统筹、系统推进。

3. 生活垃圾处理应当实行“三化”管理，具体是哪“三化”？

答：减量化、资源化、无害化。

4. 餐饮垃圾产生者应当按照环境保护管理的什么规定，对餐饮垃圾进行处理?

答：渣水分离；油水分离。餐饮垃圾和废弃食用油脂应当单独分类并密闭存放。

5. 除可回收物可以直接交收外，有害垃圾、厨余垃圾和其他垃圾应当移交给什么单位?

答：有经营权的生活垃圾分类收集单位。

6. 生活垃圾分类收集容器的设置和配置方面有哪些具体规定?

答：市城市管理行政主管部门应当制订生活垃圾分类收集容器的设置和使用指南。生活垃圾分类管理责任人应当根据本责任区生活垃圾的产生量、种类等实际情况，按照相关规定合理配置生活垃圾收集容器。餐饮垃圾产生者应当配置相应数量、符合标准的专用收集容器。

7. 回收废弃电器电子产品的企业可以采取什么回收方式回收废弃电器电子产品？

答：预约回收或在指定收集点进行定点回收。

8. 政府、街道办事处可以通过什么方式，在居住区设立生活垃圾分类指导员，普及生活垃圾分类知识，指导、督促居民开展生活垃圾分类投放？

答：招募志愿者或者向第三方购买服务等方式。

9. 可回收物、厨余垃圾、有害垃圾、其他垃圾的收集在时间上有什么规定？

答：厨余垃圾、其他垃圾应当每天定时收集；有害垃圾、可回收物应当按照收集单位与生活垃圾分类管理责任人约定的时间定期收集。

10. 可回收物应由哪些企业、采用什么方式进行处置？

答：由再生资源回收利用企业或者资源综合利用企业采用循环利用的方式进行处置。

11. 如果遇到其他垃圾超过无害化焚烧能力或者因紧急情况不能焚烧的，应如何进行处理？

答：可以进行应急卫生填埋。

12. 什么是低值可回收物？

答：低值可回收物是指本身具有一定循环利用价值，在垃圾投放过程中容易混入其他类别生活垃圾，单纯依靠市场调节难以有效回收，需要经过规模化回收处理才能够重新获得循环使用价值的废玻璃类、废木质类、废塑料类等固体废物。

13. 什么是再生资源?

答：再生资源是指在社会生产和生活消费过程中产生的，已经失去原有全部或者部分使用价值，经过回收加工处理，能够重新获得使用价值的各种废弃物，包括生活垃圾中的可回收物。

14. 什么是废弃食用油脂?

答：废弃食用油脂是指在食品生产经营过程中产生的不符合食品安全标准的动植物油脂、从餐饮垃圾中提炼的油脂，以及含油脂废水经油水分离器或者隔油池分离处理后产生的油脂。

15. 什么是餐饮垃圾产生者?

答：餐饮垃圾产生者是指通过即时加工制作、商业销售和服务性劳动等手段，向消费者提供食品的生产经营者，包括餐馆、小食店、快餐店、食堂及提供食品消费的商场、超市等。

16. 废弃的年花年桔如何投放?

答: 应当按照城市管理行政主管部门指定的时间和地点投放。

17. 餐饮、娱乐、宾馆等服务性经营者可通过哪些措施鼓励消费者减少或者不使用一次性消费用品?

答：设置可重复使用消费用品的推荐标识，通过价格优惠等措施。

18. 全市统一的生活垃圾分类管理信息系统由哪个部门建立?

答：市城市管理行政主管部门。

19. 灯管、水银产品等易碎或者含有液体的有害垃圾应当如何投放?

答：采取防止破损或者渗漏的措施后投放。

附　录

武汉市生活垃圾分类管理办法

第一条　为了加强生活垃圾分类管理，改善人居环境，保障经济社会可持续发展，推进生态文明建设，根据《中华人民共和国固体废物污染环境防治法》《城市市容和环境卫生管理条例》《城市生活垃圾管理办法》和《武汉市市容环境卫生管理条例》等法律法规的规定，结合本市实际，制定本办法。

第二条　本办法适用于本市行政区域内的生活垃圾分类投放、分类收集、分类运输和分类处置及其监督管理等活动。

本办法所称生活垃圾，是指在日常生活中或者为日常生活提供服务的活动中产生的固体废弃物。

本市对餐厨垃圾管理另有规定的，从其规定。

第三条　生活垃圾分类管理遵循以法治为基础，政府推动、全民参与、城乡统筹、因地制宜的原则。

第四条　市、区人民政府（含开发区、风景区管委会，下同）应当建立生活垃圾分类管理工作综合协调机制，负责统筹协调生活垃圾分类管理工作，并将生活垃圾分类管理纳入国民经济和社会发展规划，所需经费纳入本级财政预算。

街道办事处、乡镇人民政府负责本辖区内生活垃圾分类管理的具体工作。

第五条　市城市管理执法部门是本市生活垃圾分类管理的主管部门，负责拟定生活垃圾分类管理目标，制定生活垃圾分类投放指南，组织完善生活垃圾分类投放、收集、运输及处置等设施，对全市生活垃圾分类工作进行指导、考核和监督。区城市管理执法部门负责组织辖区生活垃圾分类管理工作。

生态环境部门负责生活垃圾集中转运设施、终端处理设施等场所的污染物排放监测，以及有害垃圾贮存、运输、处置过程中污染防治的监督管理工作。

住房保障房管部门负责督促物业服务企业履行生活垃圾分类管理责任人职责。

商务部门负责指导可回收物的回收管理工作。供销合作社负责制定并实施全市生活垃圾分类的资源回收利用体系建设以及开展再生资源回收利用工作。

发展改革、财政、自然资源和规划、城乡建设、市场监管、文化和旅游、卫生健康、教育、机关事务管理等部门按照职责分工，做好生活垃圾分类管理相关工作。

第六条　市、区人民政府及有关职能部门应当加强生活垃圾分类宣传，增强公众生活垃圾分类意识。广播电台、电视台、报社、网络等新闻媒体应当开展普及生活垃圾分类知识的公益宣传。

本市工会、共青团、妇联等群团组织以及社会团体、社会服务机构、基金会等社会组织应当发挥各自优势，宣传生活垃圾源头减量、资源回收利用和分类投放知识，开展社会实践活动，发动全社会、各阶层参与生活垃圾分类。

第七条　本市环境卫生、再生资源、物业管理、餐饮、酒店等相关行业协会应当制定行业自律规范，引导并督促会员单位开展生活垃圾分类工作。

第八条　本市鼓励环境卫生、物业及再生资源回收等企业开展市场化的生活垃圾分类服务。

发挥价格调节作用，按照垃圾类别和数量收取费用。推行生活垃圾源头减量，实施再生资源回收体系与生活垃圾分类收运体系有机融合，扶持低价值可回收物再生利用，推进生活垃圾就近就地处理，提高生活垃圾治理的科学性和便利性。

第九条　本市生活垃圾按照以下类别实施分类：

（一）可回收物，指适宜回收利用的生活垃圾，包括纸类、塑料、金属、玻璃、织物等；

（二）有害垃圾，指《国家危险废物名录》中的家庭源危险废物，包括灯管、家用化学品和电池等；

（三）厨余垃圾（湿垃圾），指易腐烂的、含有机质的生活垃圾，包括家庭厨余垃圾、餐厨垃圾和其他厨余垃圾等；

（四）其他垃圾（干垃圾），指除可回收物、有害垃圾、厨余垃圾（湿垃圾）以外的生活垃圾。

生活垃圾的具体分类标准，可根据经济社会发展水平、生活垃圾特性和处置利用需要予以调整。

第十条　本市实行生活垃圾分类投放管理责任人制度。管理责任人按照下列规定确定：

（一）党政机关、驻汉单位、企事业单位、社会团体以及其他组织的办公和生产场所，由业主委托物业服务企业实施物业管理的，物业服务企业为管理责任人；由业主自行管理的，业主为管理责任人；

（二）实行物业管理的居住区，物业服务企业为管理责任人；业主自管的居住区，业主为管理责任人；

（三）道路、广场、公园、公共绿地等公共场所，权属及管理单位或者其委托的管理单位为管理责任人；

（四）农贸市场、商场、宾馆、酒店、展览展销、商铺等经营场所，开办单位或者经营者为管理责任人；机场、火车站、长途客运站、公交站场、轨道交通站以及旅游、文化、体育、娱乐、商业等公共场所，经营管理单位为管理责任人；

（五）农村地区，村民委员会为管理责任人；

（六）其他不能确定生活垃圾分类投放管理责任人的，由所在地街道办事处、乡镇人民政府确定管理责任人。

第十一条　生活垃圾分类投放管理责任人应当履行下列义务：

（一）按照规定设置生活垃圾分类收集容器或者分类收集点，保持生活垃圾分类收集容器完好和正常使用；

（二）开展宣传工作，指导、监督单位和个人分类投放生活垃圾，对不符合分类投放要求的行为予以劝告、制止；

（三）将分类投放的生活垃圾集中到满足收运条件、符合环境控制要求的地点贮存，或者交由符合规定的企业分类收运；

（四）制定生活垃圾分类日常管理制度，建立生活垃圾分类管理台帐，记录责任区域内产生的生活垃圾类别、数量、去向等情况。

第十二条　产生生活垃圾的单位和个人负责生活垃圾分类投放，分类投放应当遵守以下规定：

（一）生活垃圾应当按照要求分类投放至指定收集点的收集容器内，不得随意倾倒、抛撒、焚烧或者堆放；

（二）体积大、整体性强或者需拆分再处理的大件垃圾，应当预约再生资源回收服务单位上门收集，或者单独投放至分类投放管理责任人指定的投放点；

（三）禁止将工业固体废物、建筑垃圾、医疗废物、动物尸体混入生活垃圾。

鼓励有条件的企事业单位、社区探索实施生活垃圾定时定点分类投放。

第十三条　从事生活垃圾经营性收集、运输、处置的单位，应当依法取得生活垃圾经营服务许可证；从事有害垃圾处置的单位应当依法取得危险废物经营许可证；根据《国家有关危险废物名录》附录《危险废物豁免管理清单》，在满足危险废物豁免条件的情况下，有害垃圾在收集过程不按危险废物管理。

城市管理执法部门可以通过招标等方式选择具备条件的单位从事厨余垃圾、其他垃圾的清扫、收集、运输和处置工作，以及有害垃圾收集至区级有害垃圾集中暂存场所的工作。

生态环境部门可以通过招标等方式选择具备条件的单位从事区级有害垃圾集中暂存场所分类暂存管理及后续运输、处置工作。

本条规定的区级有害垃圾集中暂存场所由各区人民政府负责设置。

第十四条　分类投放的生活垃圾由具备条件的企业，按照下列规定进行分类收运：

（一）实行密闭化分类收运，收运车辆应当显著标示所收运的生活垃圾种类；

（二）将生活垃圾收运至符合要求的转运或者处置场所，做到日产日清；

（三）禁止将已分类的生活垃圾混合收集、混合运输，收运沿途不得丢弃、撒漏垃圾或者滴漏污水；

（四）可回收物和有害垃圾实行定期或者预约收集、运输。

第十五条　分类收运单位发现生活垃圾投放不符合分类要求的，应当及时告知分类投放管理责任人；对不按照要求分类，经多次教育、劝导，拒不整改的，可以拒绝收运。

第十六条　本市实施生活垃圾分类处置，处置设施的建设应当符合国家、省和本市有关标准、技术规范；采用的技术、设备、材料应当符合国家标准；处置单位应当执行操作规范，并遵守下列规定：

（一）保持生活垃圾处置设施、设备正常运行，对接收的生活垃圾及时进行处置；

（二）按照技术标准分类处置生活垃圾，不得将已分类的生活垃圾混合处置；

（三）定期向城市管理执法部门报送接收、处置生活垃圾的来源、数量、类别等信息。

第十七条　违反本办法的行为，法律、法规、规章已有处理规定的，从其规定。

第十八条　对违反本办法规定的下列行为，由城市管理执法部门责令改正，拒不改正的，按照以下规定进行处罚：

（一）违反第十一条第（一）项规定，未保持生活垃圾分类收集容器完好和正常使用的单位，责令限期改正；逾期不改正的，处1000元以上3000元以下罚款；

（二）违反第十一条第（三）项规定，未将生活垃圾运至满足收运条件、符合环境控制要求的地点贮存，或者未交由符合规定的企业分类收运，责令限期改正；逾期不改正的，对单位处2000元以上5000元以下罚款；

（三）违反第十一条第（四）项规定，未制定生活垃圾分类管理制度和未建立分类台帐的，责令限期改正；逾期不改正的，对单位处500元以上1000元以下罚款；

（四）违反第十二条规定，未将生活垃圾分类投放至相应收集容器的，责令改正；拒不改正的，对个人处50元以上200元以下罚款；

（五）违反第十四条规定，将已分类的生活垃圾混合收运的，责令限期改正；逾期不改正的，对分类收运企业处5000元以上3万元以下罚款；

（六）违反第十六条，不遵守分类处置规定的，责令限期改正；逾期仍不改正的，对处置单位处3万元以上5万元以下罚款；造成损失的，依法承担赔偿责任。

第十九条　城市管理执法部门、相关管理部门和街道办事处、乡镇人民政府及其工作人员违反本办法规定，不履行或者不正确履行生活垃圾分类管理职责，由任免机关或者监察机关责令改正，对直接负责的主管人员和其他直接责任人员依法给予处分。构成犯罪的，依法追究刑事责任。

第二十条　本办法所称开发区，是指武汉东湖新技术开发区、武汉经济技术开发区；风景区，是指武汉市东湖生态旅游风景区。

第二十一条　本办法自2020年7月1日起施行。市人民政府1998年11月28日发布的《武汉市城市生活垃圾管理办法》（市人民政府令第103号）同时废止。